ISBN 978-3-662-24010-6   ISBN 978-3-662-26122-4 (eBook)
DOI 10.1007/978-3-662-26122-4

Die Orthogonalisierung der x-Potenzen mit ganzzahligen Exponenten, unter denen s (s=1,2,3,...) aufeinanderfolgende fehlen

Von

Peter Lesky (Innsbruck)

(Vorgelegt in der Sitzung am 22. Juni 1961)

Im Anschluß an eine Arbeit des V. [1] soll die Wirksamkeit des von W. Gröbner vorgeschlagenen Orthogonalisierungsverfahrens [2] [3] an einem Beispiel mit allgemeinen Randbedingungen gezeigt werden: Es werden die Polynome

$$y_n(x) = a_{n,0} + a_{n,1} x + \cdots + a_{n,n} x^n$$

berechnet, die im Intervall (0,1) bezüglich der Gewichtsfunktion $p(x) = 1$ orthogonal sind und den homogenen Randbedingungen

$$y_n^{(\alpha)}(0) = y_n^{(\alpha+1)}(0) = \ldots = y_n^{(\alpha+s-1)}(0) = 0, \qquad (1)$$
$$\alpha = 0, 1, 2, \ldots; \quad s = 1, 2, 3, \ldots; \quad n = \alpha + s, \alpha + s + 1, \ldots$$

genügen. Die hochgestellten Zahlen in den Klammern bedeuten die Ordnung der Ableitung.

Dieses Problem läuft darauf hinaus, daß man das System der x-Potenzen

$$1, x, x^2, \ldots, x^{\alpha-1}, x^{\alpha+s}, x^{\alpha+s+1}, \ldots$$

im Intervall (0,1) orthogonalisiert; es ergibt sich dabei trotz des Fehlens der s aufeinanderfolgenden x-Potenzen ein **vollständiges Orthogonalsystem**[1].

---

[1] Diese Tatsache geht auf eine Fragestellung von S. Bernstein [4] zurück. In Beantwortung dieser Frage hat Ch. H. Müntz [5] die notwendige und hinreichende Bedingung dafür angegeben, daß die unendliche Folge von x-Potenzen

Die in der Arbeit [1] gewonnenen Ergebnisse werden hier ohne Ableitung benützt; so unter anderen die unendlichen orthogonalen Matrizen, die eine Zurückführung der (1) genügenden Polynome auf die Legendreschen Polynome gestatten. Am Ende der Arbeit findet der Leser die verwendeten kombinatorischen Formeln, allerdings ebenfalls ohne Beweis, zusammengestellt.

§ 1. Die Jacobischen Polynome

Wir wollen zunächst dieses „klassische" Orthogonalsystem mit dem oben genannten Orthogonalisierungsverfahren herleiten, denn für $\alpha = 0$ kann die Erfüllung der Randbedingungen (1) bereits durch die Jacobischen Polynome mit einer geeigneten Wahl der Gewichtsfunktion erreicht werden[2].

Zur Durchführung des Orthogonalisierungsverfahrens in diesem und im allgemeinen Fall (1) entnehmen wir [1] folgende Formeln: Die Differentialgleichung $2n$-ter Ordnung für $\lambda_n(x)$

$$\frac{d^n}{dx^n}\left[\frac{1}{p(x)}\frac{d^n \lambda_n(x)}{dx^n}\right] = (-1)^{n-1} a_{n,n} n! \qquad (2)$$

$$n = \alpha + s, \alpha + s + 1, \ldots$$

mit den $2n$ Randbedingungen

$$\left.\begin{aligned}\lambda_n(a) = \lambda'_n(a) = \ldots = \lambda_n^{(n-\alpha-s-1)}(a) = \lambda_n^{(n-\alpha)}(a) = \\ = \lambda_n^{(n-\alpha+1)}(a) = \ldots = \lambda_n^{(n-1)}(a) = 0, \\ \lambda_n(b) = \lambda'_n(b) = \ldots = \lambda_n^{(n-1)}(b) = 0;\end{aligned}\right\} \quad (3)$$

$$[\lambda_n^{(n)}(x)/p(x)]^{(\alpha)} = [\lambda_n^{(n)}(x)/p(x)]^{(\alpha+1)} = \ldots = [\lambda_n^{(n)}(x)/p(x)]^{(\alpha+s-1)} = 0,$$
$$\alpha = 0, 1, 2, \ldots; \quad s = 1, 2, 3, \ldots; \quad n = \alpha+s, \alpha+s+1, \ldots \qquad (4)$$

(wenn gewisse x-Potenzen fehlen) in $(0,1)$ ein vollständiges System bildet. So beweist er: Das System $1, x^{p_1}, x^{p_2}, \ldots, x^{p_n}, \ldots$ ($0 < p_1 < p_2 \ldots < p_n < \ldots$) ist dann und nur dann vollständig, wenn $\sum_{k=1}^{\infty} 1/p_k$ divergiert. Weitere Literatur findet man in [6].

[2] Vielleicht ist auch in anderen Fällen ($\alpha \neq 0$) durch eine spezielle Wahl der Gewichtsfunktion die Erfüllung der Randbedingungen möglich; allerdings sind nur im Fall $\alpha = 0$ die Rechnungen so einfach, daß sie durchgeführt werden können.

Die Orthogonalisierung der x-Potenzen mit ganzzahligen Exponenten 153

muß gelöst werden. Die bezüglich $p(x)$ in (a,b) orthogonalen Polynome sind dann durch die Rodrigues-Formel

$$y_n(x) = (-1)^{n-1}\frac{\lambda_n^{(n)}(x)}{p(x)}, \qquad n = \alpha + s, \alpha + s + 1, \ldots \qquad (5)$$

gegeben.

Für $\alpha = s = 0$ bilden (2) und (3) die Grundlage zur Bestimmung der Jacobischen Polynome. Als Intervallsgrenzen wählen wir $a = 0$ und $b = 1$, da man immer durch eine einfache lineare Transformation der Variablen x auf ein beliebiges Intervall übergehen kann[3]. Die Gewichtsfunktion[4] $p(x)$ setzen wir, ausgenommen im ersten Paragraphen, gleich eins.

a) Für die Berechnung der Jacobischen Polynome ist $p(x) = x^c(1-x)^e$ zu setzen; e und c sind reelle Zahlen, die größer als minus eins gewählt werden müssen, damit die Gewichtsfunktion im betrachteten Intervall integrierbar ist. Mit dem Ansatz

$$\lambda_n(x) = C\,x^{n+c}(1-x)^{n+e}, \qquad n = 0, 1, 2, \ldots$$

erfüllen wir die Randbedingungen (3). Durch Einsetzen dieses Ansatzes in die Differentialgleichung (2) findet man unter Verwendung von (I)[5]

$$C = -\frac{a_{n,n}}{(n+c+e+1\,;\,1\,;\,n)}, \qquad n = 1, 2, 3, \ldots$$

und daher

$$y_n(x) = \frac{(-1)^n a_{n,n}}{(n+c+e+1\,;\,1\,;\,n)\,x^c(1-x)^e}\frac{d^n}{dx^n}\Big[x^{n+c}(1-x)^{n+e}\Big],$$
$$n = 1, 2, 3, \ldots. \qquad (6)$$

Der frei wählbare Koeffizient $a_{n,n}$ wird erst durch die Normierung festgelegt. Verlangen wir in diesem Sinne:

---

[3] Man kann von $0 \leq x \leq 1$ durch die lineare Transformation $x' = (b-a).x + a$ unmittelbar auf das Intervall $a \leq x' \leq b$ übergehen.

[4] Bei dieser Gewichtsfunktion setzen wir immer die bekannten notwendigen Bedingungen als erfüllt voraus: Im abgeschlossenen Orthogonalitätsintervall niemals negativ, nicht überall null und integrierbar.

[5] Der Ausdruck $(n;\,t;\,s)$ bedeutet $n(n+t)(n+2t)\ldots[n+(s-1)t]$. Die eingeklammerten römischen Ziffern beziehen sich auf die Formelsammlung am Ende der Arbeit.

$$\int_0^1 x^c (1-x)^e y_n^2(x)\, dx = 1\,, \qquad \text{für } n = 0, 1, 2, \ldots$$

und berechnen das Integral, indem wir zweckmäßig einen Faktor $y_n(x)$ durch die Rodrigues-Formel ersetzen und partiell integrieren, dann erhalten wir[6]

$$a_{n,n} = (n+c+e+1;1;n) \sqrt{\frac{(2n+c+e+1)\,\Gamma(n+c+e+1)}{n!\,\Gamma(n+c+1)\,\Gamma(n+e+1)}}.$$

Rechnen wir noch die in (6) stehende n-te Ableitung aus, so entsteht unter Anwendung von (I) als einfachste Form der **normierten Jacobischen Polynome**

$$y_n(x) = (-1)^n \sqrt{\frac{n!\,(2n+c+e+1)\,\Gamma(n+c+e+1)}{\Gamma(n+c+1)\,\Gamma(n+e+1)}} \cdot$$
$$\sum_{k=0}^{n} (-1)^k \binom{n+c}{n-k}\binom{n+c+e+k}{k} x^k\,, \qquad (6')$$
$$c > -1,\quad e > -1,\quad n = 0, 1, 2, \ldots.$$

b) Wir verlangen von den in (0,1) bezüglich $p(x) = 1$ orthogonalen Polynomen die Erfüllung der Randbedingungen[7]

$$y_n(0) = y'_n(0) = \ldots = y_n^{(s-1)}(0) = 0\,, \qquad \begin{array}{l} s = 1, 2, 3, \ldots, \\ n = s, s+1, s+2, \ldots; \end{array} \quad (1')$$

es kann dann das gesuchte Orthogonalsystem durch die Jacobischen Polynome mit $c = 2s$ und $e = 0$ ausgedrückt werden.

Bezeichnen wir diese speziellen Jacobischen Polynome ($c = 2s$, $e = 0$) mit $z_n(x)$, dann genügt es nämlich

$$y_n(x) = z_n(x)\, x^s, \qquad n = 0, 1, 2, \ldots$$

zu setzen, um die (1') genügenden und im Intervall (0,1) bezüglich $p(x) = 1$ orthogonalen und normierten Polynome zu erhalten; die gesuchten Polynome haben die Form

---

[6] In den beiden folgenden Formeln ist für $c + e = -1$ und $n = 0$ $a_{0,0} = \sqrt{1/\Gamma(c+1)\,\Gamma(e+1)}$ zu setzen.

[7] Analoge Bedingungen könnte man an der oberen Grenze $x = 1$ vorschreiben, wodurch sich die Lösungspolynome allerdings nur mehr in einer sehr komplizierten Form darstellen lassen.

Die Orthogonalisierung der x-Potenzen mit ganzzahligen Exponenten 155

$$y_n(x) = (-1)^n \sqrt{2n+2s+1}\, x^s \sum_{k=0}^{n}(-1)^k \binom{n+2s}{n-k}\binom{n+2s+k}{k} x^k$$

und erfüllen schon für $n = 0,1,2\ldots$ die Randbedingungen (1'). Ändert man den Index n so ab, daß mit $n = s, s+1, s+2, \ldots$ die ersten (1') erfüllenden Polynome bezeichnet sind, so entsteht die Darstellung

$$y_n(x) = (-1)^n \sqrt{2n+1} \sum_{k=s}^{n}(-1)^k \binom{n+s}{n-k}\binom{n+k}{k-s} x^k, \; n = s, s+1, \ldots. \quad (7)$$

Diese Formel (7) bleibt auch für $s = 0$ gültig; sie beinhaltet dann sinngemäß die Darstellung der **Legendre**schen Polynome.

c) Für das Polynomsystem (7) kann man, wie für die klassischen orthogonalen Polynome, dreigliedrige Rekursionsformeln und Differentialgleichungen zweiter Ordnung angeben. So gilt für diese Polynome die Rekursionsformel

$$n(2n-1)(n+s+1)(n-s+1)\sqrt{2n+1}\, y_{n+1}(x) = (2n-1)(2n+1)$$
$$\sqrt{2n+3}\,[2n(n+1)x - n^2 - n - s^2]\, y_n(x) - (n+1)(n-s)(n+s) \cdot$$
$$\sqrt{(2n-1)(2n+1)(2n+3)}\, y_{n-1}(x), \quad (8)$$
$$n = s+1, s+2, \ldots$$

und die Differentialgleichung

$$x^2(1-x)\, y_n''(x) + x(1-2s-2x)\, y_n'(x) + [xn(n+1) + s^2]\, y_n(x) = 0 \quad (9)$$
$$n = s, s+1, s+2, \ldots.$$

§ 2. Die (1) genügenden orthogonalen Polynome

Bei der Berechnung dieser Polynome gehen wir schrittweise, mit $s = 1$ beginnend, vor. Der Arbeit [1] entsprechend machen wir für $\lambda_n(x)$ den Ansatz

$$\lambda_n(x) = (-1)^{n-1} \frac{a_{n,n}\, n!}{(2n)!} \sum_{k=0}^{\alpha+s} x^{n-k}(x-1)^n d_{\alpha+s+k}, \quad (10)$$
$$n = \alpha+s, \alpha+s+1, \ldots;\; d_{\alpha+s} = 1.$$

Dieses $\lambda_n(x)$ erfüllt automatisch einen Teil der Randbedingungen (3) und (4). Die Konstanten $d_{\alpha+s+k}$ müssen so bestimmt werden, daß $\lambda_n(x)$ auch die restlichen dieser Randbedingungen erfüllt.

a) Für $s = 1$ findet man (II) verwendend

$$d_{\alpha+1+k} = \frac{(2\alpha + 1)\alpha!}{(n-\alpha)(n+1;1;\alpha)} \binom{n+\alpha-k}{\alpha-k+1}, \quad k = 1, 2, 3, \ldots \quad (11)$$

und den durch die Normierung festgelegten Koeffizienten von x^n

$$a_{n,n} = \frac{(2n)!(n-\alpha)}{n!\,n!\,(n+\alpha+1)} \sqrt{2n+1}, \quad (12)$$

wenn man (III) benützt. Durch Einsetzen von (11) und (12) in (10) erhält man $\lambda_n(x)$ und schließlich durch (5) die gesuchten orthogonalen und normierten Polynome in einer Rodrigues-Formel. Berechnet man in dieser die n-te Ableitung, dann ergibt sich unter Heranziehung der Formeln (I) und (II) die einfache Darstellung

$$y_n(x) = (-1)^n \sqrt{2n+1} \sum_{k=0}^{n} (-1)^k \frac{k-\alpha}{k+\alpha+1} \binom{n+k}{k} \binom{n}{k} x^k, \quad (13)$$
$$n = \alpha+1, \alpha+2, \ldots;$$

diese Polynome bilden in (0,1) bezüglich der Gewichtsfunktion eins ein normiertes Orthogonalsystem, das der Randbedingung $y_n^{(\alpha)}(0) = 0$ genügt.

b) Für $s = 2$ ergibt sich wieder unter Anwendung von (II)

$$d_{\alpha+2+k} = \frac{(2\alpha+2)\alpha!}{(n-\alpha)(n-\alpha-1)(n+1;1;\alpha)} \binom{n+\alpha-k+1}{\alpha-k+2} \cdot$$
$$\left[1 + \frac{(2\alpha+1)(kn-\alpha-2)}{n+\alpha-k+1} \right], \quad (14)$$
$$k = 1, 2, 3, \ldots$$

und mit (III) der Koeffizient der höchsten x-Potenz

$$a_{n,n} = \frac{(2n)!(n-\alpha)(n-\alpha-1)}{n!\,n!\,(n+\alpha+1)(n+\alpha+2)} \sqrt{2n+1}, \quad (15)$$

wenn die Polynome ein normiertes Orthogonalsystem bilden sollen. Wieder kann man mit Hilfe von (14) und (15) die Rodrigues-Formel aufstellen; führt man darin die Differentiation aus, so erhält man nach etwas langwieriger Rechnung [die Formeln (IV), (V) und (VI) verwendend] die normierten Orthogonalpolynome

Die Orthogonalisierung der x-Potenzen mit ganzzahligen Exponenten 157

$$y_n(x) = (-1)^n \sqrt{2n+1} \sum_{k=0}^{n} (-1)^k \frac{(k-\alpha)(k-\alpha-1)}{(k+\alpha+1)(k+\alpha+2)} \cdot \binom{n+k}{k}\binom{n}{k} x^k, \qquad (16)$$

$$n = \alpha+2, \alpha+3, \ldots,$$

die jetzt die Randbedingungen $y_n^{(\alpha)}(0) = y_n^{(\alpha+1)}(0) = 0$ erfüllen.

c) Diese ersten beiden Fälle führen zur Vermutung, daß die Polynome

$$y_n(x) = (-1)^n \sqrt{2n+1} \sum_{k=0}^{n} (-1)^k \frac{(k-\alpha;-1;s)}{(k+\alpha+1;1;s)}\binom{n+k}{k}\binom{n}{k} x^k,$$

$$n = \alpha+s, \alpha+s+1, \ldots \qquad (17)$$

das gesuchte, den allgemeinen Randbedingungen (1) genügende normierte Orthogonalsystem bilden.

In diesen Polynomen fehlen wegen $(k-\alpha;-1;s)$ die Potenzen $x^\alpha, x^{\alpha+1}, \ldots, x^{\alpha+s+1}$, während alle übrigen x-Potenzen bis zur n-ten Ordnung darin enthalten sind. Daraus erkennt man, daß die Polynome (17) den Randbedingungen (1) genügen.

Für $\alpha = 0$ entsteht aus den Koeffizienten von (17)

$$\frac{(k;-1;s)}{(k+1;1;s)}\binom{n+k}{k}\binom{n}{k} = \binom{n+s}{n-k}\binom{n+k}{k-s}$$

und daher stimmen die Polynome (17) in diesem Fall mit den durch die Jacobischen Polynome ausgedrückten (7) überein. In diesen Polynomen fehlen die ersten x-Potenzen bis zur $(s-1)$-ten Ordnung, so daß keine Lücke im eigentlichen Sinn vorhanden ist. Aus diesem Grunde war es möglich, die gesuchten Polynome durch die „klassischen" Jacobischen Polynome auszudrücken.

Wir beweisen nun, daß die Polynome (17) für $\alpha = 1,2,3,\ldots$ in $(0,1)$ bezüglich $p(x) = 1$ ein Orthogonalsystem bilden. Zu dem Zweck geben wir eine Partialbruchzerlegung für den in (17) stehenden Bruch an

$$\frac{(k-\alpha;-1;s)}{(k+\alpha+1;1;s)} = 1 + \sum_{l=0}^{s-1} (-1)^{s-l} \frac{(2\alpha+l+1;1;s)}{(s-l-1)!\, l!\, (k+\alpha+l+1)},$$

die sich durch vollständige Induktion beweisen läßt. Zum Beweis der Orthogonalität genügt es zu zeigen, daß die Polynome (17) zu den x-Potenzen der Ordnung t ($t = 0,1,2, \ldots, \alpha - 1, \alpha + s, \alpha + s + 1, \ldots, n - 1$) orthogonal sind, das heißt, daß die Integrale

$$I_n = \int_0^1 \sum_{k=0}^n (-1)^k \left[1 + \sum_{l=0}^{s-1} (-1)^{s-l} \frac{(2\alpha + l + 1; 1; s)}{(s-1-l)! \, l! \, (k+\alpha+l+1)} \right] \cdot \binom{n+k}{k} \binom{n}{k} x^{k+t} \, dx$$

verschwinden. Zerlegen wir nach ausgeführter Integration

$$\frac{1}{(k+\alpha+l+1)(k+t+1)} = \frac{1}{t-\alpha-l} \left[\frac{1}{k+\alpha+l+1} - \frac{1}{k+t+1} \right],$$
$$t = 0, 1, 2, \ldots, \alpha - 1, \alpha + s, \alpha + s + 1, \ldots,$$

dann erhalten wir durch Anwendung von (VII)

$$(-1)^n I_n = \frac{(t; -1; n)}{(t+1; 1; n+1)} + \sum_{l=0}^{s-1} (-1)^{s-l} \frac{(2\alpha + l + 1; 1; s)}{(s-1-l)! \, l! \, (t-\alpha-l)} \cdot$$
$$\left[\frac{(\alpha+l; -1; n)}{(\alpha+l+1; 1; n+1)} - \frac{(t; -1; n)}{(t+1; 1; n+1)} \right], \quad (19)$$
$$n = \alpha + s, \alpha + s + 1, \ldots,$$
$$t = 0, 1, \ldots, \alpha - 1, \alpha + s, \ldots.$$

Der Ausdruck $(\alpha + 1; -1; n)$ ist für $n = \alpha + s, \alpha + s + 1, \ldots$ immer gleich null, während $(t; -1; n)$ für $t = 0,1,2, \ldots, \alpha - 1, \alpha + s, \alpha + s + 1, \ldots, n - 1$ verschwindet; das heißt für diese t ist I_n gleich null und die Orthogonalität der Polynome (17) dadurch bewiesen.

Zur Überprüfung der Normierung der Polynome (17) müssen wir I_n für $t = n$ berechnen und mit $(-1)^n \sqrt{2n+1} \, a_{n,n}$ multiplizieren; dadurch entsteht

$$\int_0^1 y_n^2(x) \, dx = \frac{(n-\alpha; -1; s)}{(n+\alpha+1; 1; s)} \left[1 - \sum_{l=0}^{s-1} (-1)^{s-l} \cdot \frac{(2\alpha + l + 1; 1; s)}{(s-1-l)! \, l! \, (n-\alpha-l)} \right],$$
$$n = \alpha + s, \alpha + s + 1, \ldots;$$

Die Orthogonalisierung der x-Potenzen mit ganzzahligen Exponenten 159

in der eckigen Klammer steht die Partialbruchzerlegung [analog (18)]

$$\frac{(n+\alpha+1\,;1\,;s)}{(n-\alpha\,;-1\,;s)} = 1 - \sum_{l=0}^{s-1} (-1)^{s-l} \frac{(2\alpha+l+1\,;1\,;s)}{(s-1-l)!\,l!\,(n-\alpha-l)}, \quad (18')$$
$$n = \alpha+s,\ \alpha+s+1,\ldots,$$

wodurch auch die Normierung gezeigt ist.

d) Das normierte Orthogonalsystem (17) ist nur im Fall $\alpha = 0$ vollständig. Soll es auch für $\alpha = 1,2,3,\ldots$ vollständig sein, dann muß es noch Polynome des Grades $0,1,\ldots,\alpha-1$ enthalten. Bildet man aus diesen ersten Polynomen, die keinen Randbedingungen genügen müssen und daher ganz willkürlich gewählt werden können, ein bezüglich $p(x) = 1$ in $(0,1)$ normiertes Orthogonalsystem, dann erhält man die Legendreschen Polynome. Diese sind auf Grund des in c) angegebenen Beweises für $n = 0,1,2,\ldots,\alpha-1$ zu den Polynomen (17) orthogonal.

Zusammenfassend können wir das in $(0,1)$ bezüglich $p(x) = 1$ orthogonale, normierte und vollständige Polynomsystem, das den Randbedingungen (1) genügt, folgendermaßen darstellen:

$$\left.\begin{aligned}
y_n(x) &= (-1)^n \sqrt{2n+1} \sum_{k=0}^{n} (-1)^k \binom{n+k}{k}\binom{n}{k} x^k, \\
&\qquad n = 0,1,\ldots,\alpha-1, \\
&\qquad \alpha = 1,2,3,\ldots; \\
y_n(x) &= (-1)^n \sqrt{2n+1} \sum_{k=0}^{n} (-1)^k \frac{(k-\alpha\,;-1\,;s)}{(k+\alpha+1\,;1\,;s)} \binom{n+k}{k}\binom{n}{k} x^k, \\
&\qquad n = \alpha+s,\alpha+s+1,\ldots, \\
&\qquad \alpha = 0,1,2,\ldots, \\
&\qquad s = 1,2,3,\ldots.
\end{aligned}\right\} \quad (20)$$

Mit dem Beweis der Vollständigkeit müssen wir uns, wie in der Einleitung erwähnt, nicht mehr beschäftigen; trotz des Fehlens der Polynome mit dem Grad $\alpha, \alpha+1,\ldots,\alpha+s-1$ ist das Orthogonalsystem (20) vollständig. Allerdings gelingt es für $\alpha = 1,2,3,\ldots$ nicht mehr, dreigliedrige Rekursionsformeln und Differentialgleichungen zweiter Ordnung anzugeben, denen das Polynomsytem (20) genügt[8].

---

[8] Die in den Standardwerken über orthogonale Polynome (wie etwa G. Szegö [7] oder F. G. Tricomi [8]) geäußerte Behauptung, daß alle orthogonalen Poly-

e) Abschließend berechnen wir die Elemente der unendlichen orthogonalen Matrix, die mit den Legendreschen Polynomen (von links) multipliziert, das Polynomsystem (20) liefert. Diese unendliche orthogonale Matrix hat folgende Form:

$$\begin{pmatrix} 1 & 0 & \ldots & 0 & 0 & \ldots & 0 & 0 & 0 & \ldots \\ 0 & 1 & \ldots & 0 & 0 & \ldots & 0 & 0 & 0 & \ldots \\ \cdot & & & & & & \cdot & & & \\ \cdot & & & & & & \cdot & & & \\ \cdot & & & & & & \cdot & & & \\ 0 & 0 & \ldots & 1 & 0 & \ldots & 0 & 0 & 0 & \ldots \\ 0 & 0 & \ldots & 0 & r_{\alpha+s,\alpha} & \ldots & r_{\alpha+s,\alpha+s} & 0 & 0 & \ldots \\ 0 & 0 & \ldots & 0 & r_{\alpha+s+1,\alpha} & \ldots & r_{\alpha+s+1,\alpha+s} & r_{\alpha+s+1,\alpha+s+1} & 0 & \ldots \\ \cdot & \cdot & \cdot & \cdot & \cdot & \cdot & \cdot & \cdot & \cdot & \end{pmatrix}$$

Die ersten α Zeilen und Spalten bestehen aus Einsern in der Hauptdiagonale (sonst aus Nullen), denn die ersten α Polynome stimmen mit den Legendreschen Polynomen überein. Die übrigen, von Null verschiedenen Elemente, werden mit Hilfe der Integrale

$$r_{n,m} = \int_0^1 y_n(x)\, l_m(x)\, dx, \qquad \begin{array}{l} n = \alpha+s, \alpha+s+1, \ldots, \\ m = 0, 1, 2, \ldots \end{array}$$

berechnet, in denen die Legendreschen Polynome mit $l_m(x)$ und die Polynome (20) mit $y_n(x)$ bezeichnet sind. Nach Anwendung der Formeln (VIII), (IX) und der Partialbruchzerlegung (18) erhält man als Ergebnis dieser Integration

$$r_{n,m} = (-1)^{n+m+s} \sqrt{(2n+1)(2m+1)} \sum_{l=0}^{s-1} (-1)^l \cdot$$
$$\frac{(m+\alpha+l;-1;2\alpha+2l)(2\alpha+l+1;1;s)}{(n-\alpha-l;1;2\alpha+2l+2)(s-1-l)!\,l!}, \qquad (21)$$
$$n = \alpha+s, \alpha+s+1, \ldots,$$
$$m = \alpha, \alpha+1, \ldots, n-1\,;$$

$$r_{n,n} = \frac{(n-\alpha;-1;s)}{(n+\alpha+1;1;s)}, \qquad n = \alpha+s, \alpha+s+1, \ldots.$$

---

nomsysteme dreigliedrigen Rekursionsformeln genügen, gilt nur bei den eine geschlossene Kette bildenden Polynomsystemen; sie gilt nicht mehr bei orthogonalen Polynomsystemen, in denen Polynome gewisser Grade (die eine echte Lücke bilden) fehlen.

§ 3. Zusammenstellung der verwendeten kombinatorischen Formeln

Die folgenden Formeln werden in der Reihenfolge angegeben, in der sie in der vorliegenden Arbeit Verwendung finden. Ihre Herleitung ist einfach und gelingt durchwegs mit den üblichen elementaren Mitteln, weshalb in diesem Rahmen auch nicht näher darauf eingegangen werden kann. Die oberen Grenzen der Summen werden einfach weggelassen, da die Reihen von selbst abbrechen.

$$\sum_{k=0} \binom{p}{n-k}\binom{q}{k} = \binom{p+q}{n}, \qquad n = 0, 1, 2, \ldots; \qquad (\text{I})$$

$$\sum_{k=0} (-1)^k \binom{n}{p+k}\binom{n+c-k}{n-1} = \binom{n+c+1}{p+c+1}\binom{p+c}{c+1},$$
$$n = 1, 2, 3, \ldots, \qquad p = 0, 1, 2, \ldots; \qquad (\text{II})$$

$$\sum_{k=0} \binom{n+c-1-k}{p+c-k} \frac{(2n+1;-1;k+1)}{(n+p;-1;k+1)} = \frac{2n+1}{n-c}\binom{n+c}{p+c}, \qquad (\text{III})$$
$$p+c = 0, 1, 2, \ldots;$$

$$\sum_{k=0} \binom{p}{n+k}\binom{q}{k} = \binom{p+q}{n+q}, \qquad n, q = 0, 1, 2, \ldots; \qquad (\text{IV})$$

$$\sum_{k=0} (-1)^k \binom{p}{k}\binom{q-k}{n} = \binom{q-p}{q-n}, \qquad n, q = 0, 1, 2, \ldots; \qquad (\text{V})$$

$$\sum_{k=0} (-1)^k \binom{n}{p-k}\binom{n+c-k}{n-1} = \binom{n+c+1}{p}\binom{n+c-p}{c+1}, \qquad (\text{VI})$$
$$n = 1, 2, 3, \ldots, \qquad p = 0, 1, 2, \ldots;$$

$$\sum_{k=0} (-1)^k \binom{n+k}{n}\binom{n}{k}\frac{1}{k+s} = (-1)^n \frac{(s-1;-1;n)}{(s;1;n+1)}, \qquad (\text{VII})$$
$$s = 1, 2, 3, \ldots, \qquad n = 0, 1, 2, \ldots;$$

$$\sum_{k=0} (-1)^k \binom{q+k}{q}\binom{p}{n-k} = \binom{p-q-1}{n}, \qquad n = 0, 1, 2, \ldots; \qquad (\text{VIII})$$

$$\sum_{k=0}(-1)^k \binom{n+m+k}{n+m}\binom{n+m+1}{n-m-k}\frac{1}{k+m+\alpha+1}=$$
$$=\frac{(m+\alpha;-1;2\alpha)(n+m+1)}{(n+\alpha+1;-1;2\alpha+2)}, \quad n=\alpha+1, \alpha+2, \ldots. \quad\text{(IX)}$$

In einigen Formeln ist die Festlegung der einzelnen Größen (rechts oder unter den Formeln) nicht eindeutig und wurde der hier angeschriebenen Form entsprechend vorgenommen.

Literatur

[1] Lesky, P.: Die Beziehungen zwischen orthogonalen Polynomen, deren Orthogonalitätsintervalle übereinstimmen, Akademie d. Wiss. Wien, Sitzungsber. d. math.-naturw. Kl. 1961, Abt. II, 170. Bd., 1.—4. Heft.

[2] Gröbner, W.: Sistemi di polinomi ortogonali soddisfacenti a date condizioni, Sem. Mat. Roma, **4**, 29—51, 1939.

[3] Gröbner, W.: Über die Konstruktion von Systemen orthogonaler Polynome in ein- und zweidimensionalen Bereichen, Monatshefte für Mathematik, **52**, 38—54, 1948.

[4] Bernstein, S.: Proceedings of the 5. international congress of mathematicians, Cambridge I, 256—266, 1913.

[5] Müntz, Ch. H.: Mathematische Abhandlungen, H. A. Schwarz zu seinem 50jähr. Doktorjubiläum gewidmet, Berlin 1914, 303—312.

[6] Encyklopädie d. math. Wissenschaften, B. G. Teubner, Leipzig, II. 3. **2**, 1152, 1923—1927.

[7] Szegö, G.: Orthogonal Polynomials, Amer. Math. Soc., New York, 1939, p. 41.

[8] Tricomi, F. G.: Vorlesungen über Orthogonalreihen, Springer-Verlag, Berlin-Göttingen-Heidelberg, 1955, p. 126.

Die in den Sitzungsberichten Abt. I und Abt. II der math.-nat. Klasse der Österr. Akad. d. Wiss. erscheinenden Abhandlungen werden auch einzeln abgegeben. Sie können durch jede Buchhandlung oder direkt durch die Auslieferungsstelle der Österreichischen Akademie der Wissenschaften (Wien I, Singerstraße 12) bezogen werden.

Nachfolgende Abhandlungen aus den Fächern **Meteorologie** und **Geophysik** sind erschienen:

1951 (S IIa, Bd. 160):

Hoinkes H.: Über Nordföhnerscheinungen nördlich des Alpenhauptkammes (mit 13 Abbildungen), 23 Seiten. S 7.—

1952 (S IIa, Bd. 161):

Untersteiner N.: Über Schwankungen der barometrischen Mitteltemperatur an einem tropischen Stationspaar (mit 2 Abbildungen), 11 Seiten. S 9.—

1953 (S IIa, Bd. 162):

Schwarzacher W., Untersteiner N.: Zum Problem der Bänderung der Gletschereises (mit 14 Abbildungen). S 23.40

1955 (S II, Bd. 164):

Ambach W.: Über die Strahlungsdurchlässigkeit des Gletschereises (mit 4 Abbildungen). S 7.—
Dirmhirn Inge: Über Strahlungsmessungen auf einer Reise durch Norwegen (mit 2 Abbildungen). S 12.50

Die in den Sitzungsberichten Abt. I und Abt. II der math.-nat. Klasse der Österr. Akad. d. Wiss. erscheinenden Abhandlungen werden auch einzeln abgegeben. Sie können durch jede Buchhandlung oder direkt durch die Auslieferungsstelle der Österreichischen Akademie der Wissenschaften (Wien I, Singerstraße 12) bezogen werden.

Nachfolgende Abhandlungen aus den Fächern **Mathematik** und **Technik** sind erschienen:

1950 (1950) (S II a, Bd. 159):

Hohenberg F.: Zur Geometrie des Funkmeßbildes (mit 2 Abbildungen). 14 Seiten. S 12.40
Jarosch W.: Matrizenbänder, 14 Seiten. S 5.20
Schmid H.: Fehlertheorie der gegenseitigen Orientierung von Luftbildern und Zugrundelegung eines Orientierungspunktgitters (mit 13 Abbildungen), 31 Seiten. S 28.40

1951 (S II a, Bd. 160):

Hohenberg F.: Komplexe Erweiterung der gewöhnlichen Schraubenlinie (mit 1 Abbildung), 14 Seiten. S 7.80
Huber A.: Das Verhalten der Integrale der Gibbs-Duhem-Margules'schen Gleichung für binäre Gemische in der Umgebung ihrer festen singulären Stellen (mit 3 Abbildungen), 16 Seiten. S 10.50
Krames J.: Zur Geometrie der gegenseitigen Einpassung von Luftaufnahmen (mit 4 Abbildungen), 15 Seiten. S 7.--
Parkus H.: Wärmespannungen in Rotationsschalen mit drehsymmetrischer Temperaturverteilung (mit 1 Abbildung), 13 Seiten. S 7.50
Ströher W.: Zur projektiven Differentialgeometrie ebener Kurven, 8 Seiten. S 6.--
Wunderlich W.: Zur Differenzengeometrie der Flächen konstanter negativer Krümmung (mit 8 Abbildungen), 38 Seiten. S 16.--

1952 (S II a, Bd. 161):

Federhofer K.: Über die Eigenschwingungen der Kreiszylinderschale mit veränderlicher Wandstärke, 16 Seiten. S 14.80

1953 (S IIa, Bd. 162):

Nöbauer W.: Über Gruppen von Restklassen nach Restpolynomidealen. S 19.40
Vietoris L.: Der Richtungsfehler einer durch das Adamssche Interpolationsverfahren gewonnenen Näherungslösung einer Gleichung $y' = f(x, y)$. S 8.80
Vietoris L.: Der Richtungsfehler einer durch das Adamssche Interpolationsverfahren gewonnenen Näherungslösung eines Systems von Gleichungen $y' = f_k(x, y_1, y_2 \ldots y_m)$. S 8.80
Wunderlich W.: Über die ebenen Loxodromen (mit 2 Abbildungen). S 6.30

1954 (S II, Bd. 163):

Federhofer K.: Die durch pulsierende Axialkräfte gedrückte Kreiszylinderschale. S 13.40
Raher W. und Selig F.: Die Verwendung der Motorsymbolik in der theoretischen Mechanik. S 17.80

1955 (S IIa, Bd. 164):

Federhofer K.: Zur Kinematik des Schleifkurvengetriebes (mit 5 Abbildungen). S 11.--
Ströher W.: Über einen gewissen Typus von Differentialinvarianten der projektiven und der apollonischen Gruppe der Ebene. S 28.40
Wunderlich W.: Doppelloxodromen mit schneidendem Achsenpaar (mit 6 Abbildungen). S 22.50

GPSR Compliance

The European Union's (EU) General Product Safety Regulation (GPSR) is a set of rules that requires consumer products to be safe and our obligations to ensure this.

If you have any concerns about our products, you can contact us on

ProductSafety@springernature.com

In case Publisher is established outside the EU, the EU authorized representative is:

Springer Nature Customer Service Center GmbH
Europaplatz 3
69115 Heidelberg, Germany

www.ingramcontent.com/pod-product-compliance
Ingram Content Group UK Ltd.
Pitfield, Milton Keynes, MK11 3LW, UK
UKHW022234230426
12048UKWH00017BA/1251